AF596996

INSTRUCTION

POUR SE SERVIR

DE LA RÈGLE A CALCUL.

INSTRUCTION

POUR SE SERVIR

DE LA RÈGLE A CALCUL

Par des moyens arithmétiques purs
et sans l'emploi des caractéristiques,

PAR A. GAROT,

Professeur de Mécanique à l'École d'Arts
et Métiers d'Angers.

ANGERS,

IMPRIMERIE DE COSNIER ET LACHÈSE.

1850

INSTRUCTION

POUR SE SERVIR DE LA RÈGLE A CALCUL.

Emploi de la règle à calcul.

La règle à calcul est destinée à donner immédiatement, et par le simple déplacement de l'une de ses parties, les résultats des différentes opérations d'arithmétique, lorsqu'on n'a besoin de les obtenir qu'approximativement. Son emploi, qui ne peut être utile pour la multiplication ou les opérations sur les nombres entiers un peu considérables, est de la plus grande utilité pour les calculs relatifs aux nombres décimaux, car dans ces sortes de culculs, on néglige presque toujours le 5e et même le 4e chiffre décimal.

Elle se compose du corps *(formant la règle proprement dite)*, dans lequel on a pratiqué une rainure où peut glisser une coulisse. Deux échelles sont pratiquées sur la face de la règle, l'une au-dessus de la rainure, l'autre au-dessous ; la coulisse porte également deux échelles placées, l'une à sa partie supérieure, l'autre à sa partie inférieure. Ces différentes échelles sont graduées de la manière suivante.

GRADUATION. — L'échelle supérieure de la règle et les deux échelles de la coulisse sont identiques, elles sont formées en divisant les 25 centimètres qui donnent la longueur de la partie graduée en deux parties égales, puis chacune de ces deux parties est subdivisée en dix autres marquées des chiffres 2, 3, 4, 5..... 10 et telles que si l'on ajoute à la longueur comprise entre le point d'*origine* de la règle et un nombre quelconque la longueur entre ce même point d'*origine* et un autre nombre, la longueur obtenue donnera exactement celle qui correspond à leur produit. Chacune de ces dix divisions se trouve elle-même subdivisée d'après la même loi en 10 autres. Enfin ces dernières sont elles-mêmes partagées en cinq pour les parties comprises entre 1 et 2 et en deux pour celles qui se trouvent entre 2 et 5.

Les premières parties représentent les unités principales, les secondes subdivisions expriment des dixièmes de ces unités principales, et les troisièmes donnent, pour les premières, deux centièmes de ces mêmes unités, et pour les autres, cinq de ces centièmes, de sorte que pour lire un nombre quelconque, 275, par exemple, on cherche le chiffre des plus hautes unités dans les divisions principales, l'on prend à la suite sept des secondes divisions, et enfin l'on ajoute la division moyenne comprise entre cette septième division secondaire et la 8e.

De même pour lire le nombre 1865, on prend pour le premier chiffre ou pour le chiffre des mille soit le premier du commencement de la règle ou celui du milieu, on cherche à la suite la huitième division secondaire, puis on compte trois des autres divisions intermédiaires; l'on divise à vue l'intervalle entre cette troisième division et la suivante en 4 parties égales, l'on prend une de ses parties, et la longueur ainsi obtenue correspond au nombre 1865. Il est inutile d'insister davantage sur cette manière de lire les chiffres, on devra commencer par se rompre sur cette partie de l'emploi de la règle, sans laquelle il devient très difficile, pour ne pas dire impossible, de s'en servir avec fruit.

Multiplication.

D'après la manière dont l'échelle supérieure de la règle et les échelles de la coulisse ont été graduées, il est facile de comprendre que, pour avoir le produit de deux nombres, il faut ajouter à la longueur de la règle, depuis l'*origine* jusqu'au multiplicande, la longueur comprise entre cette même *origine* et le multiplicateur, ce qui se fait en avançant la coulisse jusqu'à ce que l'*origine* de la 1re échelle de la coulisse, que nous nommerons le *premier indicateur* (l'origine de la seconde échelle prend le nom de *deuxième indicateur*), soit sous le multiplicande; et au dessus du multiplicateur, pris sur la coulisse, on lit le produit sur l'échelle supérieure de la règle.

Pour lire ce produit, une condition préalable est nécessaire, c'est celle de connaître le nombre des chiffres qu'aura le produit, afin de connaître par-là même la nature de ses plus hautes unités.

Pour connaître ce nombre de chiffres, voici la règle à suivre pour les nombres entiers :

Posez d'abord la multiplication sur la règle, voyez quel est le chiffre des plus hautes unités du produit (chiffre dont vous ne connaissez pas encore la nature), cela fait, prenez le premier chiffre à gauche du multiplicande, multipliez-le par le 1er chiffre à gauche du multiplicateur.

Si ce produit contient deux chiffres, le

nombre des chiffres du produit sera égal à la somme des chiffres des deux facteurs réunis.

Si ce produit ne contient qu'un chiffre, il sera plus grand, égal, ou plus petit que le chiffre des plus hautes unités pris sur la règle.

Si le chiffre des plus hautes unités pris sur la règle est plus grand que le produit des premiers chiffres des facteurs ou égal à lui, le nombre des chiffres du produit sera égal à la somme des chiffres des facteurs, moins un.

Si le chiffre des plus hautes unités lu sur la règle est plus petit que le produit des premiers chiffres des facteurs, le nombre des chiffres du produit sera égal à la somme des chiffres des facteurs réunis.

Si les nombres à multiplier contiennent des décimales, on multiplie alors les deux nombres en supprimant les deux virgules, et l'on trouve le nombre des chiffres du produit par la règle que nous venons d'indiquer ci-dessus. Il n'y a plus alors qu'à prendre la différence, par la pensée, entre le nombre des chiffres du produit et le nombre des décimales qu'il y a dans les deux facteurs réunis, et l'on verra tout de suite quel rang occupent les plus hautes unités.

Ainsi, si le nombre des chiffres du produit est plus grand que le nombre des décimales, la différence indiquera l'ordre du plus haut chiffre des entiers; si, au contraire, il est plus petit que le nombre des décimales, la différence plus un indiquera le rang des premières unités décimales du produit.

Par exemple. Soit à multiplier 24,75 par 4,22.

Supprimez la virgule, ce sera 2475 à multiplier par 122.

Posez la multiplication sur la règle, vous trouvez que le premier chiffre à gauche du produit est 1. Multipliez l'un par l'autre le premier chiffre des deux facteurs 2 et 4, vous avez 8 qui est plus grand que 1 lu sur la règle, de là vous concluez que le nombre des chiffres du produit sera égal à la somme des chiffres des deux facteurs réunis, c'est-à-dire égal à 7. Or, vous avez quatre décimales; retranchant donc par la pensée 4 de 7, il restera 3 qui indiquera que les plus hautes unités du produit seront des centaines, puisque les centaines occupent le troisième rang.

Autre exemple. Si l'on a à multiplier 0,0045 par 0,076; en supprimant les deux virgules, cela revient à multiplier 45 par 76.

Posant la multiplication sur la règle, vous trouvez 3 pour le premier chiffre à gauche du produit. Faisant le produit des premiers chiffres des facteurs, on a 28. Ce produit contenant deux chiffres, il n'est pas nécessaire de le comparer à celui de la règle, et l'on voit de suite que le nombre des chiffres du produit sera égal à la somme des chiffres des facteurs ou à 4. Or, le nombre des décimales est 7 plus grand que 4, la différence 3+1 ou 4 sera donc le rang des premières unités décimales du produit, et effectivement ce produit est 0,0003420, dans lequel le premier chiffre 3 occupe bien le 4e rang des unités décimales.

Division.

Pour faire la division de deux nombres on place le diviseur pris sur la coulisse au-dessous du dividende, pris sur l'échelle supérieure, et le nombre qui correspond à l'indicateur de la coulisse est le quotient.

Pour diviser 1285 par 15, on amène 15 de la coulisse sous 1285 de la règle, et le nombre 85,66 qui correspond à l'indicateur est le quotient à moins d'un centième près.

On peut encore effectuer la division en

retournant la coulisse et en plaçant l'indicateur sous le dividende; le quotient se lit alors au-dessus du diviseur. Ce mode est avantageux lorsqu'on a un nombre à diviser par plusieurs autres, parce qu'il n'est pas besoin de déplacer la coulisse, mais malgré cela nous n'insisterons sur son emploi ni pour la division, ni pour l'extraction de la racine cubique, parce qu'il entraîne le renversement de la coulisse, et la mise en place dans le courant d'une même opération ce qui est toujours désavantageux.

Pour trouver le nombre des chiffres du quotient s'il est entier, ou le rang du premier chiffre significatif s'il est décimal, il faut dans le premier cas, si l'on a deux nombre entiers à diviser l'un par l'autre, séparer sur la gauche du dividende autant de chiffres qu'il en faut pour contenir le diviseur, et le nombre des chiffres qui restent plus un exprime le nombre des chiffres du quotient. Si les nombres sont deux nombres décimaux, on complète par des zéros le nombre des chiffres décimaux de celui qui en contient le moins et on opère comme nous venons de le dire, sans faire attention à la virgule.

Dans le second cas, c'est-à-dire si le dividende est plus petit que le diviseur et s'ils sont entiers tous deux, on ajoute par la pensée autant de zéros au dividende qu'il en faut pour qu'il soit divisible par le diviseur, et le nombre de zéros ajouté indique le rang du premier chiffre significatif; s'ils sont décimaux on supprime la virgule après avoir complété le nombre des chiffres décimaux et l'on opère comme si les nombres étaient entiers.

Si nous insistons si longuement sur cette première partie de la règle, c'est qu'il est indispensable de pouvoir déterminer d'une manière exacte la nature du premier chiffre d'un produit ou d'un quotient, surtout quand on doit extraire la racine carrée, cubique, etc, ... de ce produit ou de ce quotient.

Graduation de l'échelle inférieure. — Carré. — Racine carrée.

L'échelle inférieure de la règle n'en forme qu'une seule divisée de la même manière que les deux parties de l'échelle supérieure, et comme sa longueur est double, la longueur des différentes parties sera aussi double, de sorte que la longueur comprise entre l'origine et le point 2 de l'échelle inférieure, est la même que si l'on avait ajouté à la longueur comprise entre l'origine de l'échelle supérieure et le point 2 cette même longueur, c'est-à-dire la même que celle qui correspond au produit de 2 par 2 ou au carré de ce nombre. Il en est de même des longueurs comprises entre 1 et 5, 1 et 4, etc....

Si donc on place l'indicateur de la coulisse au-dessus de l'origine de l'échelle inférieure en lisant un nombre quelconque sur cette dernière, son carré se trouvera immédiatement au-dessus sur la coulisse. Seulement il est bon de remarquer que : comme les chiffres de l'échelle inférieure peuvent représenter des unités, des dixaines, des centaines, des dixièmes, des centièmes, etc. etc.... le premier indicateur de la coulisse qui doit être carré du premier nombre de l'échelle inférieure, ne pourra exprimer que : une unité, une centaine, une dixaine de mille, un centième, un dix millième ou en un mot l'unité suivie d'un nombre pair de zéros, ou précédée d'un nombre impair de zéros, que par là même le second représentera l'unité suivie d'un nombre impair de zéros, ou précédée d'un nombre pair de zéros, et par suite que tous les carrés obtenus dans la première échelle, contiendront un nombre impair de chiffres égal au double moins un de celui des chiffres du nombre proposé, ou auront avant leur premier chiffre significatif un nombre impair de zéros égal au double moins un du rang qu'occupe le premier chiffre significatif du nombre donné, et que tous ceux qui se trouveront dans la seconde échelle, contiendront un nombre pair de chiffres, nombre qui sera double de celui des chiffres du nombre donné, ou avant le premier chiffre significatif un nombre pair de zéros exprimé par le double moins deux du rang du premier chiffre significatif.

Comme l'extraction de la racine carrée

est une opération inverse de l'élévation au carré on comprend que pour extraire la racine carrée d'un nombre il faut : *l'indicateur de la coulisse correspondant à l'origine de l'échelle inférieure, lire le nombre sur la coulisse et la racine se trouve au-dessous.*

Si le nombre contient un nombre impair de chiffres, on doit d'après ce que nous venons de voir, le lire sur la première échelle, sinon on lit sur la seconde. Si c'est une fraction décimale, on la lit sur la première échelle quand le premier chiffre significatif est précédé d'un nombre impair de zéros, et sur la seconde dans le cas contraire. Pour obtenir le nombre des chiffres de la racine quand le nombre proposé est entier on divise par 2 le nombre de ses chiffres s'il est pair, où ce nombre augmente de 1 quand il est impair; et quand le nombre est décimal, le nombre des zéros qui précèdent le premier chiffre significatif s'obtient en divisant par 2 le nombre des zéros décimaux du nombre donné, si ce nombre de zéros est pair, ou ce nombre de zéros diminué de 1 s'il est impair.

Pour extraire la racine carrée du nombre 12718, on lit le nombre sur la première échelle et on trouve au-dessous 112,5, à moins d'un dixième. Si c'était le nombre 127180, on lirait le nombre sur la seconde échelle et on trouverait au-dessous 356, à moins d'une unité près.

La racine de 0,00472 se lit au-dessous du nombre 472 pris dans la seconde échelle et est 0,0687.

Celle de 0,00075 se lit au-dessous de 75, pris sur la première échelle et est 0,02738, à moins d'un cent millième près.

Cube. — Racine cubique.

Le cube d'un nombre étant le produit de son carré par le nombre lui-même, on comprend aisément qu'il faut ajouter à la longueur de la règle correspondant au carré, celle qui correspond au nombre. Comme les carrés sont marqués sur l'échelle inférieure de la règle par le nombre qu'on veut élever, il suffit donc d'amener le premier indicateur de la coulisse au-dessus du nombre pris sur l'échelle inférieure, et de lire sur la règle au-dessus de ce même nombre pris sur la coulisse.

Pour faire le cube de 4, on amène l'indicateur au-dessus du 4 de l'échelle inférieure, et en lisant au-dessus du 4 de la coulisse, on trouve le nombre 64 sur la règle. Si l'on avait à faire le cube de 5, on verrait qu'en amenant le premier indicateur sur le 5 de l'échelle inférieure, le 5 de la coulisse dépasse la longueur de la règle, il faut dans ce cas amener le second indicateur au-dessus du nombre pris sur l'échelle inférieure, lire au-dessus de 5 de la coulisse et l'on trouve 125.

On voit par là que pour trouver le cube d'un nombre il faut amener le premier ou le second indicateur de la coulisse au-dessus du nombre pris sur l'échelle inférieure de la règle, et lire au-dessus de ce nombre pris sur la coulisse. Si le nombre à élever est d'un seul chiffre et que le nombre trouvé soit dans la première échelle, le premier indicateur de la coulisse étant sur le nombre de l'échelle inférieure, le cube n'aura qu'un chiffre , s'il est dans la seconde il en aura deux, si, le second indicateur étant employé, le cube se trouve dans la seconde échelle, il aura trois chiffres.

Si le nombre à élever renferme deux chiffres, et que le cube soit dans la première échelle il aura quatre chiffres, dans la seconde, cinq quand le premier indicateur sera employé, et enfin six quand on se servira du second indicateur et que le cube se trouvera dans la deuxième échelle. Il en est de même pour les nombres de trois et quatre chiffres, etc... Si le nombre à élever au cube était un nombre décimal, on l'élèverait au cube en faisant abstraction de la virgule, et la différence plus un entre le triple des chiffres du nombre décimal et le nombre des chiffres du cube trouvé indiquerait le rang du premier chiffre significatif.

Pour extraire la racine cubique d'un nombre quelconque, il faut faire une opération inverse de celle que l'on a faite pour l'élévation au cube, c'est-à-dire qu'il faut: *lire le nombre sur l'échelle supérieure de la règle, pousser la coulisse jusqu'à ce que le nombre de la coulisse qui se trouve au-dessous du nombre donné soit le même que celui de l'échelle inférieure qui correspond à l'indicateur de la coulisse et ce nombre sera la racine cubique.* Seulement quand le nombre dont on veut trouver la racine aura 1. 4. 7. 10 chiffres etc., on le cherchera dans la première échelle, s'il est exprimé par 2. 5. 8 chiffres etc., dans la seconde et la racine dans ces deux cas se trouvera sous le premier indicateur ; s'il est exprimé par 3. 6. 9 chiffres etc., on cherchera encore dans la deuxième partie de l'échelle et la racine se trouvera sous le second indicateur.

Si c'est un nombre décimal, on le cherchera dans la seconde échelle, lorsque le premier chiffre significatif occupera le premier, le quatrième et le septième rang après la virgule et on se servira du second indicateur; on le cherchera dans cette même échelle, mais en se servant du premier indicateur, quand le premier chiffre occupera le deuxième, le cinquième et le huitième rang après la virgule, enfin dans la première et en employant le premier indicateur, quand le premier chiffre occupera le troisième, le sixième et le neuvième rang après la virgule. Le nombre des chiffres de la racine sera égal si le nombre donné est entier, au nombre de tranches de 3 chiffres qu'il contient, en le partageant de droite à gauche; s'il est décimal, le rang du premier chiffre significatif sera marqué par celui de la tranche qui contiendra le premier chiffre significatif en partageant le nombre de gauche à droite.

Applications.

Comme dans la plupart des questions d'Arithmétique, de Géométrie et de Mécanique, les résultats sont donnés par des formules renfermant quelquefois des multiplications, des divisions et des extractions de racine carrée ou de racine cubique, nous examinerons, comme application de ce que nous venons de dire sur ces diverses opérations, quelques-unes de ces formules et nous en déduirons des règles à suivre pour effectuer au moyen d'un seul mouvement de la coulisse les opérations de même sorte.

Pour trouver le quatrième terme d'une proportion, on sait qu'il faut faire le produit des moyens et diviser par l'extrême connu, de sorte que le quatrième terme de la proportion

$18 : 15 :: 42 : X$ est donné par l'équation

$X = \frac{15 \times 42}{18}$ qui peut se mettre sous la forme

$$X = \frac{15}{18} \times 42.$$

Pour obtenir ce résultat il faut d'abord chercher le quotient de 15 par 18 et le multiplier par 42. En amenant 18 sous 15 on trouve pour quotient 0,833. Pour multiplier ce nombre par 42 il faudrait amener l'indicateur sous ce nombre et regarder au-dessus de 42, mais comme l'indicateur par le fait de la division se trouve justement sous le quotient, on voit qu'il était inutile de le rechercher, et qu'il suffisait de lire immédiatement au-dessus de 42 et on eut trouvé le nombre 35 qui est le quatrième terme cherch é

Pour faire le produit de deux nombres et pour le diviser par un troisième, on voit donc qu'il faut : Amener le diviseur sous l'un des deux nombres et lire au-dessus du second pour trouver le résultat.

D'après cela, pour effectuer une règle de société, il suffit d'un seul déplacement de la coulisse, car en amenant la somme des mises sous le nombre à partager et en lisant au-dessus de chaque mise on trouve la part qui revient aux divers associés. Ainsi pour partager le nombre 8000 fr. entre trois associés dont les mises sont 12000 francs, 12500 fr. et 13500 fr., on amène le nombre 38000, somme des mises sont 8000 et l'on trouve au-dessus de 12000, 2526 fr., 3, au-dessus de 12500 fr., 2651 fr. 6, et au-dessus de 13500, 2842 fr., 1.

L'aire du cercle est donné en Géométrie par la formule $\pi \overline{R}^2$.

Pour trouver l'aire d'un cercle dont le rayon serait de 0m 25, comme le carré d'un nombre se trouve sur l'échelle supérieure au-dessus de ce nombre pris sur l'échelle inférieure, il suffira donc d'amener l'indicateur au-dessus de 0m 25 pris sur l'échelle inférieure, et en lisant au-dessus de 3,14 pris sur la coulisse, on trouvera 0m 1962 pour la surface demandée.

Le volume d'un cylindre est donné par l'équation ;

$V = \pi \overline{R}^2 h$ ou $V = \frac{\pi \overline{D}^2}{4} h$ et en divisant

les deux termes de la fraction par π on a

$$V = \frac{\overline{D}^2 h}{1,273}.$$

D'après ce que nous avons dit dans la première application, il faut amener 1,273 sous D^2, ou comme nous venons de le voir au-dessus de D pris sur l'échelle inférieure et lire au-dessus de h.

Soit $D = 0^m 40$

$h = 0^m 50$

En opérant comme nous venons de le dire ;

On trouve $V = 0^{m.c.c}$ 0627.

Pour multiplier le carré d'un nombre par le quotient de deux autres ou par une fraction, on amène donc le dénominateur au-dessus du nombre à élever au carré pris sur l'échelle inférieure et on a au-dessus du numérateur pris sur la coulisse le résultat demandé.

Pour trouver la hauteur d'un cylindre dont on connaît le diamètre et le volume.

on se sert de la formule précédente d'ou on tire la valeur de h ; il vient $h = \frac{1,275.\ V.}{D^2}$

Pour effectuer cette opération on regarde la coulisse comme règle et la règle comme coulisse, on amène le diamètre pris sur l'échelle inférieure au-dessous du volume pris sur la coulisse, et au-dessous du nombre 1,275 de l'échelle supérieure, on lit sur la coulisse le résultat demandé.

$$\text{Soit } V = 0^{\text{m.c.c}}, 075$$
$$D = 0^{\text{m}}, 55$$

En effectuant comme l'indique la règle précédente, on trouve $h = 0^{\text{m}}, 779$.

En mécanique on détermine le diamètre d'un tourillon en fer par la formule :

$$D = \sqrt{\frac{P}{589050}}$$

Quand sa longueur est égale à son diamètre, P représentant la pression qu'il doit supporter. Pour trouver ce diamètre, il faudrait diviser P par 589050, c'est-à-dire amener ce dernier nombre de la coulisse sous P de la règle et lire le quotient au-dessus de l'indicateur; pour extraire ensuite la racine carrée de ce quotient il faudrait amener l'indicateur de la coulisse sous l'origine de l'échelle inférieure et lire au-dessous du quotient pris sur cette coulisse ; mais on évite ce dérangement de la coulisse en amenant, comme on l'a dit en commençant cette application, le nombre 589050 sous P et en lisant au-dessous de l'indicateur, c'est-à-dire sur l'échelle inférieure, seulement on détermine à l'avance le nombre des chiffres du quotient pour savoir si l'on doit lire sous le premier ou sous le second indicateur ou même sous l'extrémité droite de la coulisse ; trois exemples feront mieux comprendre la manière d'opérer.

Premier exemple. Trouver le diamètre d'un tourillon capable de supporter une pression de 85 kilogrammes.

Pour obtenir le premier chiffre du quotient de 85 par 589050, il faut écrire quatre zéros à la droite de 85, le premier chiffre significatif occupera donc la quatrième place après la virgule. Comme il a un nombre impair de zéros avant lui, pour extraire la racine carrée du quotient, il faut le chercher, d'après ce qne nous avons dit en parlant de cette opération, dans la première colonne, le premier indicateur seul se trouvant dans cette colonne, c'est au-dessous de lui que nous lirons le diamètre qui sera de 12 millimètres environ.

2° Si le tourillon devait supporter 480 kilogrammes, en opérant comme plus haut, on verrait que le premier chiffre significatif du quotient occuperait la quatrième place, que pour avoir sa racine il faudrait le lire dans la première colonne, mais le second indicateur seul se trouvant dans cette partie de la règle, c'est au-dessus de lui que nous trouverons 0m, 0286 diamètre cherché.

3° Enfin si la pression était de 5850 kilogrammes ; le premier chiffre du quotient de ce nombre par 589050 occuperait la troisième place parce qu'il faut écrire trois zéros pour avoir le premier chiffre de ce quotient, sa racine s'obtiendra donc en lisant sur la seconde échelle et comme l'extrémité droite de la règle se trouve dans cette seconde échelle, c'est sous cette extrémité qu'on lit le diamètre 0m, 081 environ.

L'épaisseur des dents des roues d'engrenage quand elles sont en fonte est donnée en centimètres par la formule

$$0,105 \sqrt{P} \text{ ou } 0,105 \sqrt{\frac{T}{V}}$$

P exprimant l'effort transmis par la roue, T représentant le travail communiqué d'une roue à l'autre et V la vitesse à la circonférence primitive.

Pour trouver le résultat de la première expression il faudrait amener l'indicateur sous 0,105 de l'échelle supérieure et lire au-dessus de $\sqrt{P}$ obtenue auparavant; mai comme lire au-dessus de $\sqrt{P}$ revient à porter à partir de 0,105 une longueur égale à la moitié de celle qui correspond à P, et que la longueur de la coulisse qui correspond à P est justement la moitié de celle qu'intercepte ce nombre sur l'échelle inférieure, on pourra donc sans chercher la valeur de $\sqrt{P}$ effectuer cette opération sur l'échelle inférieure, et pour cela amener l'indicateur au-dessus de 0,105 pris sur cette dernière échelle et lire au-dessous de P pris sur la coulisse.

Ainsi, l'épaisseur d'une dent en fonte

devant transmettre un effort de 256 kilogrammes est, en suivant la marche que nous venons d'indiquer, $1^c,68$ ou $16^m/_m,8$.

Pour obtenir le résultat de la seconde formule on amène V pris sur la coulisse au-dessus de 0,105 de l'échelle inférieure et on trouve au-dessous de T l'épaisseur demandée.

La vitesse d'un liquide à la sortie par un orifice pratiqué en mince paroi est donnée par l'équation :

$$V = \sqrt{2 g H}$$

Pour avoir cette vitesse il faut amener l'indicateur au-dessous de 2 g ou de 19,62 pris sur la première partie de l'échelle supérieure, lire au-dessous de H de la coulisse en regardant toutefois le premier indicateur comme exprimant des dixièmes, des dizaines, des milles, etc., et le second des unités, des centaines, des dizaines de mille, etc.

Comme dernière application soit à calculer l'expression

$$\frac{4 \times 0,42^2}{0,62^2}$$

on amène le 4 de la seconde partie de la coulisse au-dessus de 0,68 de l'échelle inférieure et on lit le résultat sur la coulisse au-dessus de 0,42 pris sur cette échelle inférieure; on trouve alors 1,526 à moins d'un millième près.

Pour multiplier un nombre par le carré d'une fraction il faut : amener le dénominateur pris sur l'échelle inférieure au-dessous du nombre donné pris sur la coulisse, et lire le résultat sur cette dernière au-dessus du numérateur pris comme le dénominateur sur l'échelle inférieure.

Nous ne pousserons pas plus loin ces applications, nous nous contenterons de donner à la fin de cette notice les règles pratiques relatives aux diverses opérations qui peuvent se présenter.

Quatrième et cinquième puissance. Racine quatrième et racine cinquième.

Dans quelques questions de mécanique, on a quelquefois à extraire la racine cinquième ou la racine quatrième, nous dirons donc quelques mots de ces deux racines et des puissances analogues. La quatrième puissance d'un nombre n'étant autre chose que le carré du nombre élevé au carré, on peut donc l'obtenir en laissant l'indicateur de la coulisse sur l'origine de la règle, en lisant le nombre sur l'échelle inférieure, examinant le nombre de la coulisse qui lui correspond, reportant ce nouveau nombre sur l'échelle inférieure, le résultat se trouve au-dessus. Ainsi, pour avoir la quatrième puissance de 5, on lit sur l'échelle inférieure, on trouve au-dessus 25, lisant de nouveau sur l'échelle inférieure le nombre 25, on obtient 625 qui est la quatrième puissance cherchée.

Pour extraire une racine quatrième on fait une opération inverse. On cherche sur la coulisse le nombre donné, en ayant soin d'examiner le nombre de ses chiffres d'après ce qui a été dit plus haut, on lit encore sur la coulisse le nombre de l'échelle inférieure qui correspondait au premier et au-dessous de ce second nombre de la coulisse se trouve la racine. Soit à extraire la racine 4me de 72500. Je cherche 72500 dans la première colonne parce qu'il a un nombre impair de chiffres, au-dessous je trouve 269,2 que je cherche encore dans la première colonne le nombre de ses chiffres étant impair, au-dessous j'obtiens 16,41 pour la racine cherchée.

Pour élever un nombre à la cinqũième puissance, il suffit de multiplier son carré par son cube; or, son carré est donné en lisant le nombre sur l'échelle inférieure, son cube s'obtient en amenant l'indicateur au dessus du nombre pris sur l'échelle inférieure et en lisant au dessus de ce même nombre pris sur la coulisse.

Si donc on amène l'indicateur au dessus du nombre 2, par exemple, et qu'on lise au dessus de 2, puis sur la coulisse, on trouvera 8, et, en lisant au dessus de ce dernier nombre pris sur la coulisse, on trouve 32 qui est la cinquième puissance. En amenant de même le deuxième indicateur au dessus de 5, lisant au dessus de ce nombre pris sur la coulisse, on trouvera 125, et au dessus de 125, pris toujours sur la coulisse, on trouvera 3125 qui est la cinquième puissance.

Concluons de là que :

Pour élever un nombre à la cinquième puissance, il faut amener l'un ou l'autre des indicateurs de la coulisse au dessus du nombre donné, lire au dessus de ce même nombre pris sur la coulisse, reprendre sur la coulisse ce nouveau nombre, et l'on aura le résultat demandé au dessus.

Pour extraire la racine cinquième d'un nombre, il faut faire une opération inverse de celle qu'on exécute pour l'élévation à la cinquième puissance, c'est-à-dire qu'il faut :

Chercher le nombre proposé sur l'échelle supérieure, pousser la coulisse, jusqu'à ce que le nombre de cette dernière, qui correspond au nombre donné, soit tel qu'en lisant au dessous de lui, pris de nouveau sur l'échelle supérieure, on obtienne celui qui correspond à l'un des indicateurs sur l'échelle inférieure, et qui sera la racine cherchée.

Seulement, quand le nombre aura un nombre de chiffres exprimé par 1 ou un multiple de 3 plus 1, on le lira dans la première échelle, et on trouvera la racine sous le premier indicateur. Quand le nombre des chiffres sera égal à 2 ou à un multiple de 3 plus 2, on le lira sur la deuxième échelle, et sa racine sous le premier indicateur; quand le nombre des chiffres sera 3 ou un multiple de 3 plus 3, on le lira dans la première échelle, et sa racine sous le deuxième indicateur; quand il aura pour nombre des chiffres 4 ou un multiple de 3 plus 4, on lira le nombre dans la seconde échelle, et sa racine sous le 2e indicateur; enfin on le lira dans la première échelle, et sa racine sous l'extrémité droite de la coulisse, quand le nombre de ses chiffres sera un multiple de 5.

Si le nombre, dont on veut extraire la racine cinquième, est un nombre décimal, on le cherchera dans la première colonne quand le premier chiffre significatif aura avant lui un nombre de zéros égal à 0, à 2, à 4 ou à un multiple de 5, augmenté de 0, de 2, de 4, en lisant dans le premier cas la racine cinquième sous l'extrémité droite de la règle, dans le second sous le deuxième indicateur, et dans le troisième cas sous le premier indicateur; on le cherchera dans la seconde colonne, lorsque son premier chiffre significatif aura avant lui un nombre de zéros exprimé par un multiple de 5 augmenté de 1 ou de 3, en lisant la racine sous le second indicateur dans le premier cas, et sous le premier dans le second.

Ainsi, pour extraire la racine cinquième de 0,000978, on lit 978 sous la seconde échelle, parce qu'il a avant lui un nombre de zéros marqué par un multiple de 5 plus 5; on pousse la coulisse jusqu'à ce que le nombre 1561 soit sous 978, car, à ce moment, le nombre 25 de la coulisse, qui se trouve sous 1561 de la règle, est le même que celui de l'échelle inférieure qui correspond au premier indicateur.

RÉSUMÉ.

Ce qui a été dit précédemment nous conduit aux règles pratiques suivantes :

1. — Pour faire la multiplication de deux nombres soit entiers soit décimaux, il faut : *les considérer comme entiers tous deux, amener l'indicateur de la coulisse sous le multiplicande pris sur l'échelle supérieure et le produit se lit au-dessus du multiplicateur pris sur la coulisse.*

2. — Pour la division : *considérer les*

deux nombres comme entiers, amener le diviseur pris sur la coulisse, au-dessous du dividende pris sur l'échelle supérieure et le quotient se lit au-dessus de l'indicateur.

On détermine le chiffre des plus hautes unités du produit ou du quotient en suivant les règles données précédemment à l'article de la multiplication et à celui de la division.

3. — Pour élever un nombre au carré : *amener l'indicateur de la coulisse au-dessus de l'origine de l'échelle inférieure, lire le nombre sur l'échelle inférieure et son carré se trouvera au-dessus sur la coulisse.*

4. — Pour extraire la racine carrée : *amener l'indicateur de la coulisse au-dessus de l'origine de l'échelle inférieure, lire le nombre dans la première échelle de la*

coulisse. S'il a un nombre impair de chiffres, ou si étant décimal, il a un nombre impair de zéros avant le premier chiffre significatif, et dans la seconde échelle, si le nombre des chiffres ou des zéros décimaux est pair, sa racine se trouvera au-dessous sur l'échelle inférieure.

5. — Pour élever un nombre au cube : *amener le premier ou le second indicateur de la coulisse au-dessus du nombre pris sur l'échelle inférieure, et le cube de trouvera sur l'échelle supérieure, au-dessus du nombre donné, pris sur la coulisse.*

6. — Pour extraire la racine cubique : *chercher le nombre dont on veut extraire la racine, sur la première ou la deuxième partie de l'échelle supérieure* (1), *faire*

(1) Sur la première partie, s'il y a un nombre de chiffres exprimé par un multiple de 3 augmenté de l'u-

glisser ensuite la coulisse, jusqu'à ce que le nombre de cette coulisse qui correspond au nombre donné, soit le même que celui qui se trouve sous le premier ou le deuxième indicateur, (1) *et le nombre sera la racine cherchée.*

7. — Pour multiplier un nombre par une fraction : *amener le dénominateur pris sur la coulisse, sous le nombre pris sur l'échelle supérieure, et lire au-dessus*

nité, ou quand il est décimal, si le nombre des zéros qui précèdent le premier chiffre significatif est un multiple de 3 augmenté de 2, et dans la seconde partie de l'échelle, si le nombre des chiffres est un multiple de 3 augmenté de 2, ou un multiple exact de 3, ou quand il est décimal, si le nombre des zéros décimaux est un multiple de 3, ou un multiple de 3 augmenté de l'unité.

(1) Sous le second indicateur, si le nombre contient un nombre de chiffres ou de zéros décimaux multiple de 3 et sous le premier, dans le cas contraire.

du numérateur pris sur la coulisse.

8. — Pour multiplier le carré d'un nombre par une fraction : *amener le dénominateur pris sur la coulisse, au-dessus du nombre pris sur l'échelle inférieure, et lire au dessus du numérateur pris sur la coulisse.*

9. — Pour extraire la racine carrée d'un produit : ***Amener l'indicateur sous le multiplicande, et lire au dessous du multiplicateur pris sur la coulisse, en ayant soin de regarder l'origine de l'échelle supérieure et le premier indicateur comme représentant l'unité suivie d'un nombre nul ou pair de zéros ou précédée d'un nombre impair de zéros.***

10. — Pour extraire la racine carrée d'une fraction ou d'un quotient : ***Amener le diviseur pris sur la coulisse au-dessous du dividende pris sur l'échelle supérieure,***

et lire le résultat au-dessous du premier, du deuxième indicateur ou de l'extrémité de cette coulisse, suivant que l'un ou l'autre de ces indicateurs se trouvera dans la première partie de l'échelle supérieure, lorsque le quotient contiendra un nombre impair de chiffres entiers, ou lorsqu'il aura un nombre impair de zéros avant son premier chiffre significatif, ou dans la deuxième partie de l'échelle en cas contraire.

11. — Pour multiplier un nombre par la racine carrée d'un deuxième nombre : *Amener l'indicateur au-dessus du premier nombre pris sur l'échelle inférieure, et lire au-dessous du deuxième nombre pris sur la coulisse, en ayant soin de regarder le premier indicateur de la coulisse comme représentant l'unité suivie d'un nombre nul ou pair de zéros ou précédée d'un nombre impair de zéros.*

12. — Pour multiplier un nombre par la racine carrée d'une fraction : *Amener le dénominateur de la fraction pris sur la coulisse au-dessus du nombre donné pris sur l'échelle inférieure, et lire au-dessous du numérateur pris sur la coulisse.*

13. — Pour multiplier un nombre par le carré d'une fraction : *Amener le nombre donné pris sur la coulisse au-dessus du dénominateur pris sur l'échelle inférieure, et lire sur la coulisse au-dessus du numérateur pris également sur l'échelle inférieure.*

14. — Pour élever un nombre à la quatrième puissance : *Laisser l'indicateur sur l'origine de la régle, prendre le nombre sur l'échelle inférieure, lire celui qui se trouve au-dessus sur la coulisse, chercher ce nouveau nombre sur l'échelle inférieure, et le résultat cherché se trouve au-dessus.*

15. — Pour extraire une racine quatrième : *Disposer la coulisse comme précédemment, chercher le nombre sur la coulisse, lire au-dessous, chercher ce deuxième nombre encore sur la coulisse, et la racine se trouvera au-dessous.* (Il faut avoir soin de chercher ses nombres dans la première partie de la coulisse, s'ils ont un nombre impair de chiffres, ou un nombre impair de zéros avant le premier chiffre significatif, et dans la deuxième dans le cas contraire.)

16. — Pour élever un nombre à la cinquième puissance : *Amener l'un ou l'autre des indicateurs de la coulisse au-dessus du nombre donné pris sur l'échelle inférieure, lire au-dessus de ce même nombre pris sur la coulisse, reprendre ce nouveau nombre sur la coulisse, et lire le résultat au-dessus.*

17. — Pour extraire une racine cinquième : *Chercher le nombre proposé sur l'échelle supérieure* (1), *pousser la coulisse jusqu'à ce que le nombre de cette dernière, au-dessous du nombre donné, soit tel qu'en lisant au-dessous de ce nombre pris sur l'échelle supérieure, on obtienne celui qui correspond, sur l'échelle inférieure, à l'extrémité droite de la coulisse, au deuxième indicateur ou au pre-*

(1) Sur la première partie de cette échelle quand le nombre de ses chiffres sera un multiple de 5 ou un multiple de 5 augmenté de 1 ou de 3, ou si c'est un nombre décimal, quand le nombre de zéros qui précèdent le premier chiffre significatif sera un multiple de 5, un multiple de 5 augmenté de 2 ou un multiple de 5 augmenté de 4.

Sur la seconde partie de l'échelle, quand le nombre des chiffres sera un multiple de 5 augmenté de 2 ou de 4, ou quand le nombre des zéros décimaux sera un multiple de 5 augmenté de 1 ou de 3.

mier indicateur (2), *et ce nombre de l'échelle inférieure sera la racine cherchée.*

18. — Pour multiplier la racine carrée d'un nombre par la racine cubique d'un second nombre : chercher la racine cubique du second nombre, lire le premier sur la coulisse, et au-dessous, sur l'échelle inférieure, se trouve le nombre demandé.

(2) A l'extrémité droite de la coulisse, quand le nombre des chiffres ou de zéros décimaux est un multiple de 5.

Au deuxième indicateur, quand le nombre des chiffres entiers est un multiple de 5 augmenté de 3 ou de 4, ou quand le nombre de zéros décimaux est un multiple de 5 augmenté de 1 ou de 2.

Au premier indicateur, quand le nombre des chiffres entiers est un multiple de 5 augmenté de 1 ou de 2, ou quand le nombre des zéros est un multiple de 5 augmenté de 3 ou de 4

Opérations qui rentrent dans les règles précédentes.

Diviser le cube d'un nombre par un autre nombre : pour cela, remarquant que le cube d'un nombre est le produit de son carré par le nombre lui-même, on est ramené à multiplier le carré d'un nombre par une fraction. (N° 8).

Diviser le cube d'un nombre par le carré d'un autre nombre : en décomposant encore le cube comme nous l'avons fait dans le cas précédent, cette opération revient à multiplier un nombre par le carré d'une fraction. (N° 15).

ANGERS. IMP. DE COSNIER ET LACHÈSE.

www.ingramcontent.com/pod-product-compliance
Lightning Source LLC
LaVergne TN
LVHW020048170826
845678LV00001B/488

* 9 7 8 2 3 2 9 6 8 6 4 5 5 *